I0074677

V. 1884.
24.

EXPLICATION

DE L'EFFET

DES TROMPETTES

PARLANTES.

*Où l'on void quelle est leur proportion, leur figu-
re, leur matiere, leur Sphere d'activité, les
experiences qui en ont esté faites, & quelques
Trompettes de nouvelle invention.*

A PARIS,

M. DC. LXXV.

AVEC PERMISSION.

A
MADAME
LESCOT.

ADAME,

Ce n'est pas mon dessein de vous dedier un
Livre, cet ouvrage est trop petit & trop peu
considerable pour meriter ce nom, & quand mesme il seroit d'un juste volume, je ne pretendrois
point en vous le dediant rendre vostre nom plus
connu dans le Monde, puis que vostre Reputa-

tion s'eſtend juſques chez les Nations les plus éloignées. Ces aſſemblées qui ſe tiennent tous les jours chez vous, où j'ay vû des Eveſques, des Princeſſes, des perſonnes tres-Illuſtres dans la Chaire, dans la Robe & dans l'Eſpée, & une infinité de Sçavans en toute ſorte de Sciences, publient aſſez voſtre merite : Mais je ne puis taire cette noble inclination qui vous porte à aimer ces derniers, & à leur fournir les inſtrumens & les moyens de faire leurs experiences, & à prendre plaiſir à leurs Obſervations, particulierement à celles du celebre Monſieur Acar, qui a trouvé ce rare ſecret d'employer les pierres pretieuſes dans la peinture du Verre, l'admiration de tous ceux qui voyent cette ſorte d'Ouvrage. Ce ſeroit icy le lieu, MADAME, de m'éſtendre ſur vos autres belles qualitez, mais ne m'étant propoſé que de vous donner une reconnoiſſance publique de la bien-veillance dont vous m'honorez : Je laiſſe cet employ à un eſprit plus éloquent que le mien, pour vous aſſeurer que je ſuis

MADAME,

Voſtre tres-humble & tres-
obeïſſant ſerviteur,
DE HAVTEFEUILLE.

EXPLICATION

DE L'EFFET

DES TROMPETTES

PARLANTES.

N fçait affez que les découvertes & les inventions qui fervent à augmenter la puiffance de nos fens, font les plus utiles le toutes celles que nous puiffions defirer; celuy de la veuë qui eft le plus univerfel & le plus noble de tous a efté tellement perfectionné, qu'il eft bien difficile, pour ne pas dire impoffible, de le porter à un plus haut degré que celuy auquel il eft à prefent; & il feroit à fouhaitter pour le profit de tous les hommes que les autres fens euffent la mefme perfection: mais comme les inventions les plus utiles & les plus admirables ne fe trouvent ordinairement que par hazard, & ne fe perfectionnent qu'avec le temps par l'application que les fçavans y apportent, il femble auffi que le mefme hazard ait fait découvrir la Trompette parlante, que l'on nous a envoyée d'Angleterre, qui aura du moins cet avantage qu'elle invitera les fçavans à la perfectionner, à

A

cultiver le fens de l'ouye, & à mediter fur les fons qui
ont efté jufques à prefent fort inconnus.

L'invention de cette Trompette me parut d'abord
fi belle & fi furprenante que j'ofay prefque douter du
fait, j'aurois bien fouhaité en faire faire de cuivre ou
de fer blanc pour m'en rendre certain, mais la difficulté de trouver des ouvriers qui puffent luy donner
la figure que je penfois eftre neceffaire, m'en empef-
cha: toutefois ma curiofité naturelle & la forte paf-
fion que j'ay pour toutes les nouvelles découvertes
ne me permit pas de differer plus long-temps, & ne
voulant fimplement que m'affeurer du fait, je crus
qu'il devoit paroiftre dans une Trompette de carton auffi-bien que de toute autre matiere.

J'en fis donc une de fept à huit pieds de long, & de
douze à treize pouces de grand diametre; à peine fut-
elle achevée que parlant dedans, j'entendis une groffe
voix pleine & agreable; mais eftant tout feul, je ne
pouvois experimenter fon eftenduë & jufqu'à quelle
diftance elle portoit, les echos que je faifois reten-
tir, me fervirent en cette occafion; car parlant dans
cette Trompette de mon ton de voix ordinaire, j'en
faifois répondre plufieurs, où à peine un feul pou-
voit-il fe faire entendre fans cet inftrument, quoique
je criaffe à gorge déployée: J'eus beaucoup de plaifir
d'oüir ces echos, qui me répondoient diverfement felon la force, la viteffe des paroles, l'éloignement & le
cofté duquel je parlois, & ils me donnerent occafion
de faire cent jolies experiences & tres-curieufes, que je
n'écris point pour ne les avoir pas faites avec affez
d'exactitude.

Peu de temps aprés la Trompette de Monsieur
Denis parut, Monsieur l'Abbé Galois en fit faire une
de son invention composée de quatre Trompettes
jointes ensemble qui n'ont qu'un pavillon, & qu'un
embouchoir commun. Monsieur Dalancé en fit faire
plusieurs, & entr'autres celle qu'on appelle d'Alexandre, qui se divise à quelque distance de l'embouchoir,
& se vient rejoindre vers le pavillon; plusieurs parti-
culiers en firent faire quantité d'autres de differentes
longueurs & de differentes largeurs; & mesme on en
fit venir d'Angleterre; enfin on fut pleinement convaincu de leur effet : Il ne fut plus question que de
l'expliquer, d'en chercher les raisons & de l'augmenter, s'il estoit possible; car il n'estoit pas tel que les
Anglois l'avoient écrit dans leur Journal.

Les Sçavans s'y sont appliquez, & plusieurs en ont
donné des raisons : mais on peut dire que chacune en
particulier n'est pas suffisante. Le Chevalier Morland
inventeur de cette Trompette dit que la voix qui sort
de la bouche de celuy qui parle, s'écartant à la ronde,
frappe la surface interieure de la Trompette, & que
toutes ses parties se reflechissant dans un certain endroit y deviennent beaucoup plus fortes, & que derechef elles s'écartent & se reflechissent plusieurs fois
de suite par quantité de cercles qu'il imagine; & comme ces cercles vont toujours croissans, ils rendent la
voix beaucoup plus capable de s'étendre. Il appuye
sa pensée par une experience qu'il a fait en prenant
une bande de bois assez large, à laquelle il a donné à
peu prés la figure de la Trompette, & la mettant
dans un vaisseau, où il y avoit du Mercure, & frap-

pant fortement par le bout avec un baſton , il dit a-
voir veu quantité de cercles ſe former ſur la ſurface
de cette liqueur.

Cette explication ne paroiſtra pas extrémement ju-
ſte à ceux qui l'examineront de prés ; mais pour faire
appercevoir avec les yeux mémes que toutes ces reflexions & concentrations de la voix qu'il pretend, ne ſe
font point;il faut faire l'experience qu'il a fait avec du
vif argent ou d'autres liquides,il y a ſeulement à obſer-
ver qu'au lieu de frapper avec un baſton par le bout,
il faudra laiſſer tomber quelque corps dans la liqueur,
on verra la percuſſion & la maniere dont elle ſe fait,
que s'il a veu quantité de cercles ſe former ſur la ſurface du vif argent ; c'eſt que le coup qu'il a donné, a fait
le meſme effet, que s'il avoit jetté en meſme temps
dans la liqueur pluſieurs corps éloignez les uns des
autres; & quand bien meſme par quelque moyen que
ce fut , la premiere percuſſion s'iroit reunir dans un
centre , il ne s'enſuivroit pas que le mouvement dût
eſtre plus violent dans la ſeconde, & la comparaiſon
qu'il apporte de la reflexion de la lumiere dans les mi-
roirs concaves ne convient nullement , ceux qui examineront tant ſoit peu les encyclies ou cercles de l'eau
en feront entierement convaincus: Il y a pluſieurs autres raiſons qui prouvent la nullité de cette opinion
dont je ne parleray point pour n'eſtre pas trop long.

Monſieur Caſſegrain dit dans les memoires de
Monſieur Denis, que ſi on fait les Trompettes ſelon
les ſections du Monochorde ou Canon harmonique,
& principalement ſuivant les octaves qui ſont des raiſons doubles les unes des autres, elles doubleront la
voix

voix à chaque octave, & qu'il croit que leur grosseur
grossit la voix, & leur longueur la fortifie; mais il ne
le prouve point, & ainsi c'est plutost une proportion
de la figure de la Trompette, qu'une explication de
son effet, c'est pourquoy je n'en diray rien davantage.

Quelques sçavans l'expliquent en cette maniere :
Concevez, disent-ils, un homme qui parle dans le
milieu de l'air, on entendra sa voix à la ronde jusques
à une certaine distance. Retranchez la partie qui est
sous ses pieds, il est certain qu'on l'entendra bien plus
loin, puisque le mouvement qu'il communiquoit
à toute cette Sphere d'air, ne s'applique plus aux
parties inferieures, & si on oste celuy qui est sur sa
teste, & celuy qui est derriere, il est visible qu'on l'entendra beaucoup plus loin du costé que l'air luy sera
libre; enfin si on oste la communication de l'air qui
est à droit & à gauche, il est constant que la voix se
portera à une distance beaucoup plus grande devant
luy, & cecy n'est autre chose que la Trompette avec
laquelle on retranche tout l'air d'alentour, & on ne
laisse que celuy qui est devant, ce qui fait que lors
qu'un homme parle dedans, on l'entend de si loin ;
ajoustez que tous les lieux qui sont creux & concaves
renforcent la voix, parce qu'ils conservent davantage
le mouvement de l'air, & que la voix est toujours plus
forte dans sa ligne vocale ; & cela est si connu chez les
Predicateurs qui n'ont point de voix, qu'ils ne man-
quent pas de faire couvrir leurs chaires, afin que la
voix soit plus reserrée, & qu'elle se puisse mieux re-
flechir sur leurs auditeurs, c'est d'où vient aussi qu'on

entend parler un homme d'une plus grande diſtance dans une longue galerie, dans les cavernes, aux vou- tes & aux arcades des ponts que dans un lieu ouvert de tous coſtez.

Quoique tout ce qui eſt dit dans cette explication ſoit veritable, il eſt facile de voir que ce n'eſt point la veritable explication des Trompettes & de leur effet puiſqu'il s'enſuiveroit que plus leurs grands diame- tres ſeroient petits, & plus la voix s'étendroit, ce qui eſt manifeſtement contre l'experience ; joint qu'elle n'explique pas comment la voix groſſit & pourquoy les ſons des montres n'y groſſiſſent point.

Pour donner maintenant une connoiſſance entie- re de l'effet de ces inſtrumens, & où il n'y eut rien à de- ſirer, il faudroit raporter la veritable nature du ſon, & particulierement de la voix ; expliquer tous les mouvemens de la langue, des nerfs & des muſcles, & de toutes les autres parties qui ſervent à ſa formation ; faire apercevoir comment ſe forment les voyelles, les conſonnes & les ſyllabes, & mille autres choſes qui en dépendent, mais comme il ſeroit trop long, & preſ- que impoſſible, je les ſuppoſeray pour connuës.

Je veux ſeulement que l'on penſe que la voix ſe for- me de la meſme maniere que le ſon dans une anche d'Orgue ou de Muſette, ce qui ſe fait par les petites ſecouſſes de l'air, lorſqu'il eſt obligé de paſſer au tra- vers, & qu'il imprime ce meſme mouvement à l'air qui eſt enfermé dans un tuyau attaché au bout de cette Anche, en telle ſorte que la modification du ſon ſe fait à l'extremité de ce tuyau ; car il eſt viſible, que ſi on l'alonge ſans changer autre choſe, le ſon chan-

gera, & d'aigu qu'il eſtoit, il deviendra grave, par ce
que l'air contenu dans ce tuyau reſiſte à celuy qui entre par l'Anche & par conſequent eſt chaſſé plus len-
tement.

Il en eſt de meſme ſi on change ſeulement ſa largeur, mais de determiner les proportions de l'aigu &
du grave, il n'eſt pas neceſſaire ; il y a ſeulement à remarquer que la largeur n'augmente pas la gravité du
ſon, à proportion de la longueur, comme on experimente aux tuyaux d'orgues qui ne peuvent eſtre
aſſez élargis pour faire l'octave, quoy qu'ils ſoient ſix
ou ſept fois plus larges, ſi on ne les allonge en meſme
temps. Car l'experience enſeigne que de pluſieurs
tuyaux de meſme hauteur, celuy qui eſt deux fois
plus large ne deſcend que d'un ton plus bas, & s'il l'eſt
quatre fois plus, il deſcend ſeulement d'une tierce
majeure. C'eſt auſſi une choſe tres-aſſeurée qu'un
tuyau cylindrique d'un pied de long, quatre ou huit
fois plus large, & qui contient davantage d'air, a le
ſon beaucoup plus aigu que le Cylindre de deux pieds
de long, ſi l'on en croit les experiences du P. Mer-
ſenne.

Mais ſans m'amuſer aux tons graves & aigus qui
paroiſſent peu ou point dans la Trompette, j'expli-
queray ſeulement la groſſeur de la voix, & la force
qu'elle a de s'étendre.

8

PROPOSITION.

Si un tuyau est plus large par un bout que par l'autre, une Anche y estant ajoutée, ou un homme parlant dedans, le son ou la voix se formera à l'autre bout, de la mesme maniere que si le tuyau esto itpar tout égal à l'extremité par laquelle la voix sort?

JE tascheray en premier lieu de faire voir, que ce que j'avance arive dans les tuyaux d'Orgues que l'on appelle Cromornes & de Trompettes & autres qui se servent d'Anches, & en suite j'en feray l'application aux Trompettes Parlantes.

Si l'on m'accorde que le son d'un tuyau à Anche n'est, comme j'ay dit, qu'un certain mouvement de l'air contenu dans ce tuyau, & que la modification du son se fasse à l'extremité de ce tuyau, dont il semble qu'on ne puisse pas douter, Descartes & les plus habiles estant dans ce sentiment, il sera facile d'estre convaincu de la proposition que j'avance, puis qu'il est certain que l'air qui est à la plus grande extremité d'un tuyau qui est en cône, est frappé, poussé & agité de la mesme force & de la mesme maniere que l'est celuy d'un autre tuyau Cylindrique dont la base est égale à celle du Cône.

Il sera un peu difficile de prouver clairement cette proposition, & il ne faut pas s'estonner si plusieurs n'en seront pas d'abord convaincus, puisque quelques habiles ont eu peine à se persuader d'un effet semblable, quoique beaucoup plus visible & plus convaincant, & dans une matiere plus grossiere que n'est pas l'air, dont à peine appercevons nous

le

le mouvement, & que nous pouvons simplement conjecturer par ce que nous voyons arriver dans les autres liquides.

C'est cette celebre experience de Monsieur Paschal qui a estonné tout le monde, & qui a fait mesme douter les Sçavans, si il l'avoit mise en execution, & toutes celles dont il parle dans l'équilibre des liqueurs; je l'explique en peu de mots.

PROPOSITION.

Si un tuyau plus gros vers une extremité que vers l'autre, est perpendiculaire à l'Horison, la liqueur pesante qu'il contiendra, n'aura ny plus ny moins de force, pour sortir par l'ouverture d'embas, que si la grosseur estoit par tout esgale à celle qu'il a par le bas.

CEtte proposition peut estre considerée en deux manieres, & un chacun est persuadé que, si un vaisseau Cônique a l'ouverture la plus grande en haut, la liqueur ne pese à la plus petite ouverture que de la pesanteur de la colomne esgale par tout à l'ouverture d'embas, c'est pourquoy je n'en diray rien davantage; je m'estendray un peu sur la seconde qu'on a plus de peine à imaginer, & qui n'est cependant pas moins veritable, qui est que si un tuyau perpendiculaire à l'Horison plus gros vers le bas que vers le haut est remply d'une liqueur pesante, la force avec laquelle elle tendra à sortir par l'ouverture d'embas, sera esgale à celle qu'elle auroit si le tuyau estoit par tout aussi gros qu'il est par le bas.

Les consequences que l'on tire de cette proposi-

C

tion font affez furprenantes , dont celle-cy eft tout
à fait admirable ; Si un tonneau plein d'eau eftoit
debout fur l'un de fes fonds , en appliquant à un trou
fait au fonds de deffus un tuyau qui ait plufieurs fois
la hauteur du tonneau, & qui foit fi menu que peu
de gouttes d'eau fuffifent pour le remplir, cette petite quantité d'eau fera caufe que le fonds d'embas
fera d'autant plus de fois chargé qu'il l'eftoit aupara-
vant, ainfi fi ce tonneau eft un muid qui contienne
cinq cens foixante livres d'eau , en appliquant à un
trou fait à ce fonds, de deffus un tuyau qui ait cent fois
la hauteur du muid , & qui foit fi menu qu'une
livre d'eau fuffife à le remplir, cettte livre agiffant
conjoinctement avec les cinq cens foixante autres,
fera caufe que le fonds de deffous fera deformais chargé de la pefanteur de 56560. livres. Car l'affemblage
du tuyau & du muid ne different en rien d'un tuyau,
dont la groffeur d'embas furpaffe de beaucoup la
groffeur d'enhaut.

On a fait cette experience depuis quelque temps à
l'Academie Royalle des Sciences , & chez Monfieur
d'Alencé , excepté neantmoins que le petit tuyau
n'avoit que dix pieds de hauteur , on apperceut vifi-
blement les fonds de deffus & de deffous fe jetter en
dehors , quoy qu'on euft mis fur celuy de deffus une
quantité de poids tres-confiderable ; Il y eut quelques perfonnes qui douterent que le fonds de ce vaif-
feau fut autant chargé que l'auroit efté celuy d'un autre muid cylindrique de pareille hauteur que le
tuyau avec lequel on faifoit l'experience , ils
avoüoient bien que le fonds d'embas eftoit plus

chargé, mais qu'il le fut precifement d'une colomne égale par tout au fonds d'embas, c'eſt ce dont ils
ne demeuroient point d'accord.

Mais ſans groſſir ce diſcours de toutes les demonſtrations qu'en ont donné Meſſieurs Paſchal & Rohault, je diray ſeulement, que ſi le fonds de ce meſme
tonneau eſt plein de trous dans toutes ſes parties,
tous de la grandeur du petit tuyau, & qu'ils ſoient
bouchez par les doigts de pluſieurs hommes, on ne
doute point que celuy qui eſt directement ſous le
petit tuyau ne ſente la peſanteur de la colomne toute entiere : On demeurera auſſi d'accord que chaque
doigt pris en particulier, porte pareillement la peſanteur d'une colomne, à cauſe de la liquidité de l'eau,
& que ſes parties n'ont aucune liaiſon ny aucune de-
pendance les unes des autres, toutes leſquelles co-
lomnes jointes enſembles, equivalent à une qui ſeroit par tout egale au diametre du muid.

Il y aura peut-eſtre des perſonnes qui auront encore peine à eſtre perſuadez de cette belle experience, & afin qu'ils en croyent à leurs yeux, je leur ap-
prendray le moyen de la faire d'une maniere aſſez
ſuccinte & ſans beaucoup d'embaras. Il faut prendre une ſeringue dont le piſton entre dedans avec un
peu de violence, & l'enfoncer juſques au fonds a un
pouce ou deux prés, puis l'ayant fermement appliqué
au mur, & ayant ajouté dans l'endroit où l'on met le
canon un tuyau, dont le diametre ſoit fort petit, mais
de telle hauteur que l'on voudra, on attachera un vaiſſeau au piſton, dans lequel on verſera de l'eau, juſques à ce que par la trop grande peſanteur il ſoit

contraint de baiſſer, & auſſi-toſt qu'on s'en appercevra on oſtera ce vaiſſeau & on verſera l'eau dedans la ſeringue par le petit tuyau, dans lequel on
n'en aura pas mis la dixieme partie, qu'on verra le
piſton deſcendre avec impetuoſité, & ſi on met la
main ou des balances deſſous on ſentira la peſanteur.

Nonobſtant les demonſtrations de Meſſieurs
Paſchal & Rohault, il a fallu recourir à l'experience
pour convaincre quelques Sçavans de la propoſition
que je viens d'avancer, & pluſieurs n'auroient pas
manqué de la traiter de fauſſe & d'imaginaire, ſi on
avoit eſté dans l'impuiſſance de l'executer. Il s'en eſt
meſme trouvé qui ont pretendu m'avoir donné des
demonſtrations du contraire. J'apprehende dans cette
penſée de ne pas aſſez bien perſuader, vû le peu de
connoiſſance que nous avons des ſons, & qu'il eſt impoſſible de faire appercevoir le mouvement de l'air,
tres-difficile de l'exprimer par eſcrit, & aſſés mal-aiſé
de l'imaginer à ceux qui ne l'ont aucunement medité.
J'eſpere neantmoins qu'apres quelques reflexions on
trouvera mes ſentimens aſſez vrais-ſemblables, &
aſſez conformes à la raiſon, & particulierement les
Sçavans, qui ſont ceux pour qui j'eſcris.

Le ſon qui ſe fait dans les tuyaux Côniques à Anches n'eſtant que de l'air pouſſé par le petit bout vers
le plus grand, ſi on conçoit une ſuperficie ſolide ap-
pliquée à la plus grande extremité, il eſt prouvé
qu'elle ſera pouſſée avec une force egale à celle qu'auroit une autre pareille force qui ſouffleroit dans un
autre tuyau cylindrique, dont la baſe ſeroit egale à
celle

celle du tuyau Cônique : mais fans imaginer une fuperficie folide à l'extremité, ne peut on pas concevoir,que le mouvement imprimé à l'air qui eft vers le petit bout,eft communiqué à tout l'air qui eft renfermé dans ce tuyau, en telle forte,que fi la grande ouverture eft decuple de fa petite, & qu'une partie d'air du milieu du petit bout foit pouffée devant les autres, il y aura dix fois davantage d'air esbranlé, dans le milieu de la grande ouverture,avant que les autres parties d'air voifines ayent commencé à fe mouvoir ; & y ayant une plus grande quantité d'air ébranlée avec la mefme viteffe, il s'enfuit que le fon doit eftre plus grand, comme l'a tres-bien remarqué Monfieur Perrault dans les Notes du nouveau Vitruve François.

En effet, on experimente en toutes fortes d'inftrumens à Anches, qu'ils éclatent davantage à proportion que leurs pattes font plus ouvertes, & qu'ils font des fons d'autant plus doux, & plus foibles, qu'ils fe retreciffent davantage ; comme il arrive dans le Baffon, le Haubois & les Cornets qui ont leur canal en Cône, ce qui rend leur fon plus violent que ceux des autres inftrumens qui font percez d'une mefme groffeur depuis le commencement jufques à la fin. Ce n'eft pas qu'il n'y ait quelque proportion à garder, car on pourroit faire le tuyau fi petit, & une des ouvertures fi large,qu'il ne feroit pas l'effet pretendu,la raifon en eft vifible, en ce que l'air pouffé par l'Anche n'esbranleroit pas toutes les parties de celuy qui eft contenu dans le tuyau, & particulierement celuy qui eft à la grande extremité, qu'il eft neceffaire d'ef-

D

branler pour produire ce grand fon ; il n'en eft pas
de mefme de l'eau qui pefe dans tous les endroits,
quelque large que foit la bafe du tuyau, à caufe qu'elle eft renfermée, & que toutes fes parties font pouf-
fées également & en mefme temps : Mais dans ces
tuyaux le premier air devant pouffer celuy qui luy eft
proche, plus il le frapera de cofté, & moins celuy qui
eft beaucoup efloigné de la perpendiculaire fera ef-
branlé. C'eft pourquoy laiffant le mefme grand Diametre, plus on alongera le tuyau, plus on fera que
les parties de l'air fe poufferont plus facilement les
unes & les autres, & feront l'effet que l'on fouhaite,
qui eft d'efbranler toutes les parties de l'air conte-
nuës dans ce tuyau.

Il n'eft pas befoin de determiner qu'elle eft la proportion de la longueur à la largeur, elle n'eft point
fi precife qu'on s'en doive mettre en peine, comme
on l'experimente dans les tuyaux d'Orgues, ou une
mefme Anche fert à plufieurs tuyaux de differentes
longueurs & de differentes largeurs.

Au refte il me femble, que fi on a bien conceu ce
que j'ay dit du fon qui fe fait dans les tuyaux à Anches de figure Cônique, on n'aura pas de peine à concevoir l'effet des Trompettes parlantes, qui ne font
autre chofe que des tuyaux Côniques, dont le La-
rinx & quelques autres parties font l'office d'Anches.
Car pour ce qui eft de l'articulation & de la prononi-
ciation des voyelles & des confones, on fçait que ce
n'eft que l'air exterieur de la bouche qui eft battu
d'une certaine façon par celuy qui fort des poumons,
& il eft prouv que parlant dans une Trompette, l'air

qui eſt contenu dedans doit agiter l'air exterieur, de la meſme maniere que celuy qui eſt proche la bouche ce qui forme les paroles & les ſyllabes.

Il faut particulierement remarquer, que la voix ne ſe forme point au ſortir de la bouche, mais ſeulement à la ſortie de la Trompette,& que ce n'eſt que la colliſion de l'air qui eſt à ſon extremité, qui ſe fait avec celuy qui eſt au dehors,de telle maniere que l'air qui eſt dans le pavillon de la Trompette a le meſme mouvement & la meſme agitation que celuy qui eſt dans la bouche, mais eſtant en plus grande quantité,c'eſt ce qui groſſit la voix & la fait entendre plus loin dans la proportion que nous dirons tantoſt.

On conclura de tout ce que je viens d'avancer, que la bonté des Trompettes ne conſiſte que dans leurs grands Diamettres, & nondans leurslongueurs, qui eſt toujours nuiſible lors qu'elle excede.

On appercevra pareilement, que plus elles ſeront larges plus elles devront eſtre longues.

Que la meilleure figure qu'on leur puiſſe donner eſt celle du Cône & de toutes ſortes de Pyramides, & que les plis ou contours y ſont indifferens.

Que toutes ces figures reuniſſantes, paraboliques hyperboliques, elliptiques & autres faites de ſections de Cône, quequelques Sçavans croyent eſtre les meilleures,ne ſont qu'imaginaires & ſans fondement.

Pour en eſtre perſuadé,il eſt neceſſaire de bien examiner , & de ne pas confondre les differens ſons que produiſent les corps,car les uns ſõt faits par les cordes, comme dans les inſtrumens qui en ſont montez, les autres par la percuſſion , comme dans les Cloches,

Tambours &c. & les autres par le vent, comme dans les inſtrumens pneumatiques. Il y a meſme de la difference dans ces derniers, car ceux qui ſe font par le coupement de l'air auſſi bien que tous ces autres ſons de cordes & de percuſſion, ne ſont point groſſis dans les Trompetes parlantes, il n'y a que ceux qui ſe font par le moyen des Anches, parce que ces ſons ſont produits par un pouſſement d'air total.

Soit donc que l'on ſuive l'opinion de Gaſſendi, qui veut que le ſon ſoit un amas de petits corpuſcules d'une certaine figure, leſquels ſont tranſportez avec une rapidité tres-grande, depuis le corps ſonnant juſques à l'oreille; ſoit que l'on adhere à Deſcartes, qui plus vray-ſemblablement penſe que ce n'eſt qu'un certain mouvement de l'air; ou ſoit enfin que l'on embraſſe quelque autre ſentiment, il n'eſt pas poſſible d'expliquer l'effet de ces inſtrumens, en ſuppoſant que ces figures faites par des lignes courbes ſoient les meilleures de toutes, parce qu'on ſuit neceſſairement une des opinions que j'ay refutée cy-devant.

Je ne voudrois pas pourtant nier que ſi on mettoit deux montres ſonnantes à l'embouchoir de deux Trompettes, dont l'une fûſt hyperbolique & l'autre d'une figure irreguliere & oppoſée, le ſon de la premiere ne ſe fiſt entendre plus loin que celuy de la ſeconde, à cauſe des reflexions que l'on pretend y eſtre faites; mais ayant fait voir clairement que le ſon de la voix & des Anches s'y forme d'une autre maniere que celuy de ces montres, il n'eſt pas beſoin que je m'eſtende davantage.

Lors

Lors que j'ay dit qu'il n'y avoit que les fons des Anches qui eftoient groflis dans les Trompettes parlantes, j'ay ajoufté que c'eftoit parce que ces fons eftoient produits par un pouffement d'air total ; Si donc il fe trouvoit dans quelque occafion un pouffement d'air total, lequel fift fon, quoy qu'il n'y euft point d'Anche, ce fon ne laifferoit pas d'eftre grofli dans les Trompettes ; C'eft ce qu'effectivement nous voyons arriver dans les fons qui font produits par les armes à feu ; car fi on tire un piftolet de poche dans une Trompette, il rend un fon prefque auffi violent que celuy d'un canon.

On n'ignore point que nos canons ordinaires ne produifent ce grand fon, qu'a caufe que la poudre eftant enflamée & rarefiée extremement elle chaffe avec violence une quantité d'air confiderable qu'elle condenfe, & cet air condenfé tendant à fe remettre dans fon eftat naturel fe rarefie, mais plus qu'il ne faut, ce qui l'oblige à fe condenfer derechef, & ainfi plufieurs fois de fuite, comme la tres-bien expliqué Monfieur Rohault dans fa Phyfique.

On ne doit pas douter non plus, que la mefme chofe n'arrivaft dans un canon dont la cavité feroit en Cône, car la poudre s'y emflamant & s'y rarefiant, elle chafferoit l'air avec la mefme force que dans un canon cylindrique, comme il eft aifé de voir felon la propofition que j'ay avancée, fi la fituation de la poudre qui ne feroit pas la mefme ou quelqu'autre chofe, n'y apportoit du changement ; cette experience ne feroit point inutile, & fi le fon eftoit égal dans ces deux canons cela confirmeroit entierement ma

E

penſée, & j'ay ſujet de croire que la choſe arriveroit comme je le dis, puis que j'ay experimenté & que Monſieur Denys a publié dans ſes memoires, qu'ayant tiré un piſtolet dans une de ces Trompettes, tous ceux qui l'entendirent ſans le voir, crurent que c'eſtoit une piece de canon que l'on venoit de tirer ; on pouroit par ce moyen faire des machines qui produiroient avec peu de poudre des ſons tresgrands dans les occaſions où l'on en a beſoin.

Quoy que les ſons des Trompettes ordinaires & ceux des Cors de chaſſe, ſe faſſent par un pouſſement d'air total, ils ne ſont pas neantmoins groſſis dans les Trompettes parlantes, à cauſe que le ſon y eſt formé avant que d'eſtre à l'embouchoir, & que ces Trompettes parlantes ſeroient une production inutile du pavillon de ces Trompettes & de ces Cors de chaſſe.

Pour ce qui eſt de la matiere, il n'importe quelle elle ſoit, contre ce qu'en a eſcrit Monſieur Caſſegrain, il y a ſeulement cette difference, que les ſons de celles que l'on fera d'une matiere plus molle, comme de carton & de bois, feront des ſons plus mols & moins eſclatans, comme il arrive dans les tuyaux d'Orgues, leſquels eſtant de meſme grandeur font l'uniſſon, quoy que la matiere des uns ſoit de plomb ou d'eſtain, & celles des autres de fer ou de cuivre.

Au reſte toutes les experiences que j'ay faites ſur ces Trompettes ont toujours confirmé mon ſentiment. En voicy quelques-unes.

Les voix greſles & petites ne ſont pas groſſies conſiderablement dans les grandes Trompettes.

Les fiflemens, les fons des flageolets, des montres fonnantes & de tous les autres inftrumens qui ne fe fervent point d'Anches ny font point groffis, on les entend feulement d'un peu plus loin.

On y parle ordinairement du Nez, ce qui montre tres-bien le lieu où fe forme la voix; on y pourroit remedier en ajouftant deux tuyaux proportionnez au corps de la Trompette qui aboutiroient au Nez, mais comme ce defaut n'eft point confiderable, il n'eft pas befoin de tant de miftere.

On y prononce mieux les fyllabes ou fe trouvent des A & des O. que celles dans lefquelles il fe rencontre des I & des V. la raifon en eft facile, fi on examine les differentes ouvertures de la bouche de celuy qui parle, & fi on remarque qu'il pouffe plus ou moins d'air une fois qu'une autre.

Pour determiner maintenant la diftance à laquelle on fe doit faire entendre par le moyen de ces Trompettes, il n'eft pas facile de le faire à caufe de la difficulté des experiences.

Il faudroit connoiftre precifement fi la force du fon eft d'autant plus grande, qu'il eft fait par un battement d'air plus violent, & fi ce battement d'air eft d'autant plus violent, que l'on en frape une plus grande quantité en mefme temps.

Il feroit pareillement neceffaire que l'on fçeut fi un fon doit eftre quatre fois auffi fort qu'un autre pour avoir fa Sphere fenfible double, & fuppofé que les fons fuivent en cela les proportions de la lumiere, comme il y a apparence, la grande ouverture des Trompettes devra eftre en raifon double des diftan-

ces; c'est à dire, que si un homme se fait entendre à
deux cent pas sans Trompette, il se fera entendre à
deux mille avec une Trompette, dont la grande ouverture sera centuple de sa bouche, ou dont le dia-
mettre sera dix fois plus grand ; mais comme le son
diminuë à proportion qu'il s'esloigne du lieu où il a
commencé, il ne suffit pas qu'il soit quatre fois plus
fort en son commencement pour faire une esgale im-
pression de deux fois aussi loin, & si cette diminution
se fait en mesme proportion que l'espace s'augmente,
il doit estre six fois plus fort en son commencement
pour estre entendu aussi aisement d'une double distance.

Les experiences de toutes les Trompettes que
l'on a faites jusques present suivent ce calcul ou
environ, parce qu'il est mal-aisé, comme on sçait,
de l'examiner dans une precision fort exacte; on ne
les rapporte point avec les circonstances des lieux
& des personnes, & on obmet plusieurs autres cho-
ses crainte de grossir inutilement ce discours; Il ne
faut pas s'estonner si nos Trompettes d'aujourd'huy
sont fort éloignées de l'effet de celles d'Alexandre,
par le moyen de laquelle on dit qu'il se faisoit entendre à cinq lieuës, puis qu'on n'en a point encore fait
qui eussent cinq coudées ou nonante pouces de Diametre, & que l'on s'est touiours aheurté à juger de
la bonté de ces Trompettes par leur longueur.

Mais d'autant qu'il faut de la force pour pousser
l'air qui est contenu dans ces Trompettes, & qu'en
augmentant leur grand diametre on est obligé en
mesme temps de leur donner plus de longueur, comme

me j'ay fait voir, il est manifeste que les plus longues devant contenir une plus grande quantité d'air,
il sera plus difficile de l'ébranler à cause de la foiblesse
des poumons, & c'est ce qui me fait douter de l'effet
de celle d'Alexandre, & ce qui me fait apprehender
que l'on ne puisse perfectionner ces instrumens autant qu'il seroit à souhaiter.

Je ne sçay si cette Trompette que j'ay imaginée
ne pouroit pas remedier à cette foiblesse des poumons, c'en sont quatre ou plusieurs jointes ensemble, lesquelles n'ont qu'un pavillon commun à l'i-
mitation de celle de Monsieur Gallois, mais en cela
differente, qu'elles ont chacune leur embouchoir,
en telle sorte que quatre personnes ou davantage
peuvent parler dedans en mesme temps, il y a seulement a apprehender que l'articulation ne s'y fasse
pas également, & que les paroles n'y soient con-
fonduës ; Neantmoins l'experience n'en seroit point
desagreable, & elle merite bien la peine d'estre faite.

On pourroit aussi en faire une autre, avec laquelle un homme auroit plusieurs voix, s'il parloit
dans plusieurs Trompettes qui n'eussent qu'un mesme embouchoir, & si le changement de longueur &
de largeur dans ces Trompettes donnent un autre
ton à la voix (ce que je ne croy pas,) il est visible
qu'ayant differentes longueurs & differentes largeurs,
un homme pourra faire luy seul une espece de con-
cert, s'il chante dans une Trompette de cette façon,
ce qui ne seroit point desagreable à entendre, particulierement dans les lieux où il y a plusieurs echos.

On ne peut point nier que cela n'arrivast dans nos

F

Trompettes ordinaires & dans nos Cors de chasse,
s'ils se divisoient à une certaine distance de l'embouchoir, & qu'ils eussent deux pavillons, comme j'ay dit,
car on sçait que ce n'est pas l'air qui sort des poumons qui produit le son que l'on entend, mais celuy
qui est contenu dans ces instrumens, & qui est
poussé par celuy qui sort de nostre corps, & ayant
prouvé qu'il pousseroit avec la mesme force celuy
qui seroit dans l'un & dans l'autre pavillon, il s'enfuit
que l'on doit entendre deux sons differens, lesquels
auront differens tons, les pavillons estant inegaux en
longueur, & largeur, si quelque chose impreveuë n'y
apporte de l'obstacle.

Enfin, toutes ces experiences se peuvent faire
avec les canons & autres armes à feu, & avec toutes
sortes de tuyaux à Anches, puis qu'elles sont fondées
sur le mesme principe ; je propose seulement celles-
cy à faire à ceux qui en ont les moyens ; j'en ay quelques autres dans l'esprit qui ⬛ pouroient servir à
l'eclaircissement de la nature du son, & mesme à la
perfection de l'ouye, & à des découvertes encore
plus utiles : mais n'ayant à present ny le temps ny les
moyens de les executer, je les passe sous silence.

VEU L'APPROBATION.

Permis d'Imprimer. Fait ce dernier de Iuillet 1673.
                    DE LA REYNIE.

A PARIS,
Chez JEAN BAPTISTE COIGNARD,
ruë Saint Jacques, à la Bible d'Or.

www.ingramcontent.com/pod-product-compliance
Lightning Source LLC
Chambersburg PA
CBHW060526200326
41520CB00017B/5138